U0612842

畜禽福利养殖技

生猪福利
养殖技术指南

国家动物健康与食品安全创新联盟　组编

刘作华　孙忠超　主编

中国农业出版社
农村读物出版社
北京

图书在版编目（CIP）数据

生猪福利养殖技术指南 / 国家动物健康与食品安全创新联盟组编；刘作华，孙忠超主编. -- 北京：中国农业出版社，2024.7. -- (畜禽福利养殖技术指南丛书).
ISBN 978-7-109-32164-9

Ⅰ. S828-62

中国国家版本馆CIP数据核字第2024ED9237号

中国农业出版社出版

地址：北京市朝阳区麦子店街18号楼
邮编：100125
责任编辑：刘　伟
版式设计：杨　婧　　责任校对：吴丽婷　　责任印制：王　宏
印刷：中农印务有限公司
版次：2024年7月第1版
印次：2024年7月北京第1次印刷
发行：新华书店北京发行所
开本：787mm×1092mm　1/16
印张：4.5
字数：98千字
定价：80.00元

编 者 名 单

主　编　刘作华　孙忠超

副主编　顾宪红　孙丽华　王　建

参　编　殷晓东　杨　晗　周　琰　刘　超

　　　　　胡安戟　李永辉　雷　丽　李奇安

　　　　　汪德明　李晓勇　周兰兰　李　伟

　　　　　王　敏　Paul Littlefair　邬小红

　　　　　储学琴　岳潇雨　孙福昱　鲁苏娜

　　　　　杨佳颖　程雪娇　侯建军　赵　健

　　　　　郑雪莹

主　审　黄向阳　刘业兵

编者的话

    动物福利在全球畜牧兽医领域具有较高的学术地位，关乎畜牧业可持续发展、动物源食品安全、生态文明与人类健康。当今世界，科学纵深推进，经济迅猛发展，如何科学认识和理解动物福利，如何因地制宜探索福利养殖技术，如何提升消费者对良好动物福利产品的认知，迫切需要业界和社会理性面对、切实解决。

    动物福利作为生态文明建设的重要组成部分，其核心就是善待动物，体现了人类与大自然、人类与动物的和谐共生，是生态环境可持续发展的必然要求。同时，动物福利也是保障动物源性食品安全的根本需要，人类健康与动物密切相关，促进动物福利，就是增进人类健康。从当前国情、世情和人类健康的需求出发，关注动物福利是提高畜禽产品质量、保证畜牧业健康可持续发展的必然选择。

    国家动物健康与食品安全创新联盟一直专注于动物健康、动物福利与食品安全科学研究与应用，在世界动物卫生组织的动物福利标准框架下，持续稳步推进动物福利产业创新工作。未来随着市场竞争更加激烈，动物福利技术和理念将贯彻到肉、蛋、奶生产的每一个环节，做到动物福利就是改善人类的福祉。

    "畜禽福利养殖技术指南"系列丛书的编者查阅和引用了大量国内外参考资料，系统梳理了畜禽福利养殖的实践经验，从农场实用角度出发，分别从饲料与饮水、环境与设施、饲养管理、畜禽健康、运输屠宰等方面入手，对畜禽福利养殖标准化操作流程、评价改善进行了规范阐述，图文并茂，内容丰富，是一套集理论与实践于一体的指导畜禽福利养殖的实用手册。适合我国各级畜牧兽医管理部门的工作人员、从事畜牧兽医科学研究教育的教师和学生、从事畜牧业生产的企业家和技术人员、从事畜禽疫病防控的执业兽医，以及关心动物福利的其他行业学者和广大消费者阅读。

感谢大专院校、科研院所和农牧企业的中青年学者在编撰过程中给予的支持与帮助！希望本书的出版，可以有效促进动物福利科学创新升级，引领福利养殖提质增效，助推畜牧业健康可持续发展。

书中难免会有不足之处，希望广大读者批评指正。

目录

1 引言

1.1 国家动物健康与食品安全创新联盟

国家动物健康与食品安全创新联盟是由中国农业农村部组建的国家农业科技创新联盟下属的具有专业性、公益性、非营利性的组织，旨在为消费者提供安全、优质、健康的动物源食品。联盟的工作紧紧围绕动物健康与肉、蛋、奶、水产品质量安全等重大需求，聚焦畜牧、兽医和食品安全科技创新能力提升和资源共享，促进从养殖到餐桌全产业链健康有序发展。联盟成员由养殖、屠宰、饲料、兽药、设备、食品深加工、餐饮、零售、电商、检测认证、咨询企业，以及中央级、省部级科研单位组成。

1.2 指南编制背景、目的和意义

畜禽集约化养殖易产生动物福利问题，导致畜禽疾病的发生和流行，进而严重威胁人类的健康、畜牧业可持续发展和畜产品国际贸易。动物福利日益得到广大民众和政府部门的重视。世界动物卫生组织将动物福利标准纳入《陆生动物卫生法典》，强调保障动物福利是兽医的基本职责和任务。我国在动物福利领域相对于欧美国家还存在诸多不足，主要反映在动物福利科学研究滞后、动物福利评价标准缺失、动物福利法律不健全和动物福利认知度低等方面。完善动物福利科学技术体系，有助于保障动物源食品安全，促进我国畜牧业绿色、可持续发展。

1.3 指南适用范围

本指南适用于生猪养殖企业及猪肉产品加工企业。生猪养殖相关生物制品、诊断制品、微生态制剂、饲料、化学药品、清洁消毒产品、设施设备等企业也可作为参考。

1.4 指南制定原则

1.4.1 科学性原则

严格按照我国现行法规、管理规定和相关标准的要求，在对我国生猪福利养殖现状和问题充分进行调研的基础上，进行科学分析、研究和总结归纳，力求做到编制具有科学性。

1.4.2 实用性原则

充分考虑我国各省（自治区、直辖市）养殖法规和管理规定的具体要求，深入基层一线开展调研，综合现有技术水平和管理实践经验，保证指南编写的指导性和实用性。

1.4.3 规范性原则

参考国际动物福利技术标准的规定和要求，充分考虑符合中国特色的动物福利科学体系，力求指南编制内容的完整、规范，保证指南编写质量。

1.5 指南主要内容

指南正文包括引言、饲料与饮水、环境与设施、饲养管理、猪群健康、运输、屠宰和附录等8部分内容。

1.6 编制和起草单位

国家动物健康与食品安全创新联盟
重庆国康动物福利科学研究院
天津中升挑战生物科技有限公司
睿宝乐（上海）实业发展有限公司
碧农环境科技（浙江）有限公司
牧原食品股份有限公司
英国皇家防止虐待动物协会

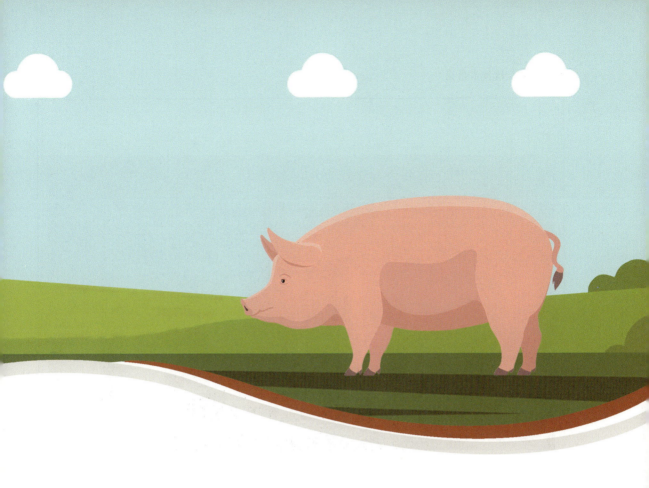

2 饲料与饮水

采食和饮水是所有动物最本能的行为，而饥饿和干渴被认为是这些行为表达的动机。作为动物福利"五项基本原则"的首个原则，"免于饥饿和干渴"成为许多动物福利推荐标准规范中的一部分。饲料能量、营养和饮水的匮乏会导致动物发生疾病、生长发育受阻、健康水平恶化，甚至死亡。适宜的饲料饲喂和饮水供给能增强猪对疾病的抵抗力和抗应激能力，减少或消除疾病，维护机体正常的生理机能或生理状态，充分发挥个体的生产性

能，并有助于动物处于积极的福利状态。

2.1 饲料与饲喂

2.1.1 饲喂供给计划

- 猪场应依据饲养计划中各类猪群的存栏头数和饲料日消耗量，估算出全场每年、每月甚至每周的饲料需求量。规模化养猪场在采购符合要求的原料之后，应依据猪的饲料配方对饲料进行自行加工，确保及时为猪提供质量优良的日粮。自配饲料厂的猪场，建议存有一周的饲料存量。外购饲料的猪场，建议存有一个月的饲料存量。

料　塔

饲料管理

- 为猪提供的日粮需营养均衡，可维持猪的健康和活力。饲料成分的任何调整都应提前计划，并逐步实施。
- 应在满足猪生理需求的时间间隔内规律性饲喂（所有猪每日至少饲喂一次）。在进行外科手术时，应遵循兽医指导饲喂。除非在兽医的指导下，否则应尽量避免突然改变饲料类型和饲喂量。
- 在恶劣天气期间应仔细检测猪的身体状况，并在必要时调整饲喂计划。

2.1.2 全价饲料

给猪饲喂的饲料必须有益健康，并应满足以下要求：

- 饲料配方应适合猪的品种、生长阶段和日龄。
- 饲料的饲喂应足量。
- 饲料配方须满足《猪营养需要量》（GB/T 39235—2020）中确定的营养要求。
- 应确保为空怀母猪、后备母猪及妊娠母猪提供足量的大块或高纤维饲料，以使母猪免于饥饿感，并满足其咀嚼需求。

2.1.3 采食（包括采食空间、饲料分布位置）

- 按群饲养的猪，若无法持续获得饲喂，或不是由自动饲喂系统单独喂养，则应确保群中的每头猪都能同时获得饲料。

- 除非有主治兽医的要求，否则须保证猪每天能够自由采食饲料。
- 当把猪引入其不熟悉的圈舍时，应确保其可找到采食点和饮水点。
- 母猪的饲喂应避免发生抢食、争食行为，同时也应确保即使在有竞争采食的情况下，每头猪也能获得足够的日粮。可在地面上喂食，但地面必须干燥、洁净，且猪只个体的采食不受猪群内部社会等级导致抢食、争食行为的限制。
- 使用料槽定量饲喂时，必须留有足够的采食空间（采食位大于1.1倍肩宽），以供所有猪能同时进食。采食位是指一头猪在进食时所需的空间。

料　槽

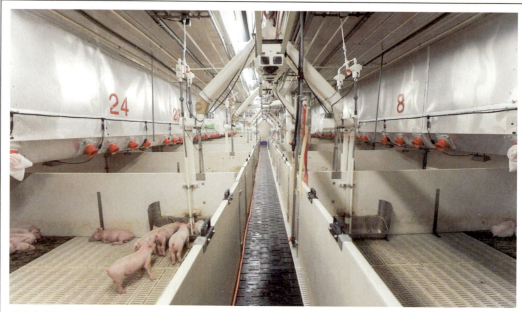

采食位置

- 如果是自由采食，应遵循：a）使用干式喂料器，且每个采食位之间不设置头肩部隔离栏时，每个采食位不得多于6头猪；b）若设置有头肩部隔离栏，每个采食位不得多于10头猪；c）如果使用干湿喂料器，每个采食位不得多于14头猪。

喂料器

- 如果对母猪采用室内湿式饲喂方式，须在每个采食位间设置头肩部隔离栏。

隔离栏

2.1.4 饲料中禁用的物质

- 不应使用含致病成分的饲料原料饲喂猪。
- 不得使用含有哺乳动物或禽类蛋白质的饲料原料。
- 不得盲目给猪饲喂抗生素或其他有意用于促进生长、提高饲料转化效率或改变身体成分的物质。

抗生素只能在兽医指导下用于个体动物的治疗（即疾病治疗）。

- 根据《饲料和饲料添加剂管理条例》、《兽药管理条例》等有关规定，养殖场应严格遵照执行农业部第176号、第1519号公告和农业农村部第250号公告，禁止在饲料中使用公告清单中列出的药物和物质。

2.1.5 饲料添加剂

- 饲料添加剂的品种和添加量应符合《饲料和饲料添加剂管理条例》、《饲料添加剂品种目录》、《饲料质量安全管理规范》的要求，不得违规和超量使用。
- 饲料添加剂应存放在干燥、阴凉、避光、通风的地方，勿与其他有毒化学物品混合储存。
- 维生素添加剂，无论是水剂还是粉剂，加水拌合时，水温不得超过60℃，以免高温破坏有效成分。

2.1.6 饲料形态

饲料可根据生猪饲养阶段的需要加工调制成各种形态，包括全价颗粒料、湿拌料、稠粥料、干粉料和稀水料等。每种形态的饲料都有其优缺点，生产上应根据具体情况，选择适宜的饲料形态。

不同饲料形态

2.1.7 储存饲料的卫生状况

- 饲料生产者必须有饲料原料成分、复合饲料的成分和配比记录，以及饲料添加剂的书面记录，包括饲料厂或供应商的记录。饲料原料和饲料产品中的有毒有害物质及微生物的限量应符合《饲料卫生标准》（GB 13078—2017）的规定。

- 储存和饲养系统应保持良好的卫生状况，避免因料槽中饲料的腐败变质，对猪的健康造成不利影响。饲料应尽量储存在低温、干燥的环境中，建议储存饲料的仓库增加隔热层。仓库的周围应配有一定的遮阴设备。在常温仓房内储存饲料，一般要求相对湿度在70%以下，饲料的水分含量不应超过12.5%；如果环境温度控制在15℃以下，相对湿度在80%以下，可适当延长储存时间。

饲料储存

- 在储存饲料之前，应将仓库墙壁周围的缝隙、墙角进行处理，避免虫、鼠的进入和繁殖。同时，储料仓库应定期清洁并消毒。
- 为了减少鸟粪和害虫的污染，所有用于储存的料斗/料桶必须加以密封覆盖。
- 为避免饲料变质，除改善储存环境以外，有效的方法是采取物理或化学的手段进行防霉治菌。蛋白质含量较高的饲料，在保存时可添加适量的抗氧化剂和脱霉剂。饼状饲料在进行储存时，尽量在堆放的两层饲料之间放上一层干草，增加饲料的通风透气性，避免饲料出现返潮、发霉的情况。

2.1.8 饲喂设备要求

- 猪场在选择饲喂设备时，应综合考虑环境、猪舍条件、温度、饲料及猪的体重等因素。根据猪的不同情况选择不同方式的饲喂设备。喂料器应易于猪的接触，最大程度避免饲料浪费。
- 喂料设备应合理设计、布置并维护，防止猪误食污染的饲料，同时使影响猪只间竞争的有害因素最小化。
- 料槽的类型、猪舍类别、猪的日龄决定了猪舍内喂料器的高度及位置。一般应高出舍内最小猪的体高5 cm。同一猪舍内，喂料器的安装高度可以不同，这样可尽可能保证每头猪都能够吃到饲料。
- 喂料器或采食处不得有粪便、尿液和其他污染物。如果不在地面或地板上喂食，喂料器必须保持清洁。
- 喂料器必须每天检查2次，以确保其功能正常。

仔猪补饲盘

料　槽

喂料器

2.1.9 限制饲喂

- 限制饲喂是指不按猪的饲料营养需要量全部饲喂，只是喂给其全部需要饲料量的大部分，如90%～95%。必须对进行限制饲喂的猪在饲料或环境上给予补充，如在饲料中添加粗纤维，或在猪舍内添加适宜的探寻材料（如泥炭、稻草、锯末、木屑、泥土、石头、树枝、树叶等），以满足其生理和福利需求。

- 对母猪的饲喂必须使其在可预见的最长寿命内保持健康和正常的繁殖能力。饲喂量须根据生产周期仔细规划，并维护母猪的体况变化。一般来说，在任何时候，母猪的体况评分都不得低于2分或高于4分。到妊娠第70天，母猪的体况得分须至少为3分。对母猪的限制饲喂主要在妊娠阶段：

  a) 妊娠母猪人工授精后0～7 d，为使受精卵顺利着床，妊娠前期要严格控制饲喂量，严格按照饲喂量标准执行。

  b) 妊娠中期（第30～75天）饲喂的核心是采食量管理。此阶段是调节妊娠母猪体型的最佳时期，应严格按照母猪体况得分情况来确定饲喂量。

  c) 乳腺发育期（第76～100天）应避免过多饲喂。这时饲喂过多饲料会减少乳腺细胞数量，造成分娩后产乳量大幅度下降。

  d) 妊娠后期（第101～114天），此阶段使用的是哺乳母猪饲料，采取多餐饲喂的方式，根据母猪体况，合理饲喂。有条件的猪场可以给此阶段母猪补饲青绿饲料。

- 种公猪在体重100 kg之前自由采食，以后限制饲喂。种公猪的饲料体积不宜过大，精、粗饲料要粉碎，青饲料可打浆，饲喂要做到定时定量，通常每天饲喂2～3次，冬天2次，夏天3次，每次不要喂得太饱。最好是生饲干喂，同时注意饮水。

2.1.10 断奶前后仔猪饲喂注意事项

- 应向仔猪提供营养适宜、可口的固体饲料，但该饲料不应被母猪采食。

- 仔猪在断奶之前，要做好补料工作。断奶后仍喂哺乳期饲料，不得突然更换饲料，一般在断奶后7 d左右更换饲料。更换仔猪饲料要逐渐进行，如第一天原饲料占80%、新饲料占20%，第二天原饲料占60%、新饲料占40%，依次类推，过渡期大概5～7 d。

- 仔猪在断奶后4～5 d内要限饲，少喂勤添，一昼夜喂6～8次，以后逐渐减少饲喂次数。

- 除非兽医确认母猪或仔猪的福利或健康会受到不利影响，否则不得在分娩后21 d内给仔猪断奶。如果采用批次分娩，同批次仔猪的平均断奶日龄应为28日龄或以上。需要特别注意新断奶仔猪的饲料供应，喂料器应容易接触，且空间足以使大多数或所有仔猪同时进食。

2.2 饮水

2.2.1 水的供应

- 猪场在选择饮水系统时，应综合考虑环境、猪舍条件、温度、饲料及猪的体重等因素。例如，在夏季应保证饮用水的温度低于20℃。

- 除非兽医有特别指示，否则应确保超过2周龄的所有猪每天都应获得充足、清洁、新鲜的饮用水。

- 如果是在自然环境中自由饮水，那必须保证猪能获得干净的饮水。

- 猪的供水需要考虑供水总量、水

流速度（猪饮水时间不会很长）、供水方式（比如饮水器的类型）、易于获取等因素。供水量过大、流速太快对猪来说都有危害，尤其是对产后母猪和仔猪影响较大。应合理调整饮水器高度和流速，让每头猪都能喝到水（表2-1）。

表2-1　不同体重猪的每日最低饮水量和饮水器最低流速

猪体重 （kg）	每日最低 饮水量 （L）	乳头式饮水器 最低流速 （L/min）
断奶仔猪	1.0 ~ 1.5	0.3
20 kg 以下	1.5 ~ 2.0	0.5 ~ 1.0
20 ~ 40 kg	2.0 ~ 5.0	1.0 ~ 1.5
41 kg ~ 100 kg 育肥猪	5.0 ~ 6.0	1.0 ~ 1.5
后备母猪和妊娠母猪	5.0 ~ 8.0	2.0
哺乳母猪	15.0 ~ 30.0	2.0
公猪	5.0 ~ 8.0	2.0

2.2.2 饮水设备

- 饮水设备应合理设计、布置并维护，以防误饮污染水，同时使影响猪只间竞争的有害因素最小化。
- 当使用干湿喂料器时（即喂料器和饮水器都在同一个采食位），应在猪舍内设置另外的饮水器，且保证每个圈栏的饮水器数量充足。为避免饮水器长期被一头猪霸占，应至少保证每个圈栏内安装2个饮水器。
- 应每天检查2次饮水器，以确保饮水器的性能正常，同时确保饮水器干净。如果使用乳头式饮水器，应定期检查是否正常工作，是否堵塞。
- 当新的断奶仔猪移至由乳头式饮

水器供水的饲养栏时，最初几天应提供其他的饮水设施。可以选择不同类型的饮水器，常用的有鸭嘴式、乳头式、杯式。鸭嘴式、杯式饮水器应垂直安装，且高度较低。乳头式饮水器安装时应呈倾斜状态，角度保持在15°~45°，高度取决于猪的身高。

- 同一猪舍内，饮水器的安装高度可以不同，应确保每头猪都可以接触到饮水器。
- 对规模化养殖场定时定量饲喂的猪群，应保证1个饮水器供应10头猪饮水。对于散养猪，在足够流速的情况下应保证1个饮水器供应15头猪饮水。
- 对规模化养殖场定时定量饲喂的猪群，应保证充足的水槽空间，以确保每头猪都有其自己的饮水位置。每头猪所需的水槽空间（表2-2）如下：

表2-2　不同体重猪每头所需的水槽空间

猪体重（kg）	水槽空间（cm）
5	10
10	13
15	15
35	20
60	23
90	28
120	30

2.2.3 应急供水

应做好应急预案，确保猪舍在紧急情况下（如低温冻结、干旱或当地水井资源污染）能正常供应饮水。

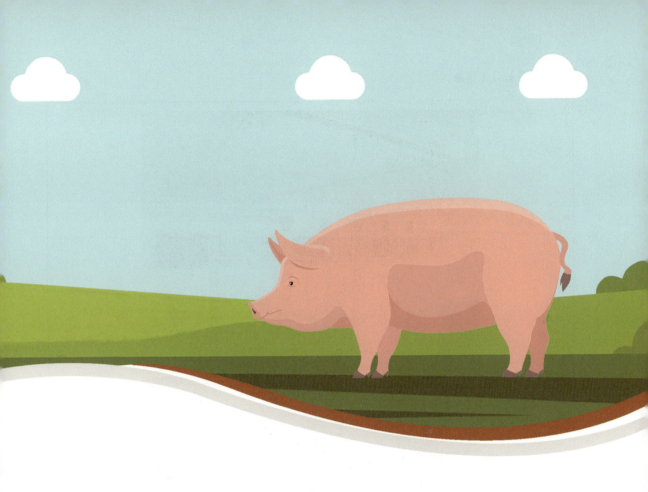

3 环境与设施

3.1 地面类型

3.1.1 猪舍地面采用实心地面或实心地面与漏缝板相结合的布置方式，栏位内提前划分躺卧区、采食区和活动区。

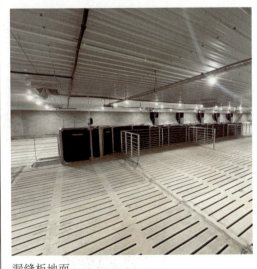

漏缝板地面

漏缝板地面

3.1.2 不同饲养阶段的猪对地面的喜好程度是不同的，地面的配置类型需要从猪的舒适程度、体温调节、健康及卫生等方面综合考虑。总体要求：地面防滑，防止猪受伤，对猪的肢蹄不能产生伤害；休息区域应当干净，保持干燥；地面最好具备一定的坡度，保证地面积水排除良好。

3.1.3 为了保证舍内的清洁度，栏位内宜布置一定的漏缝区间，但是一般不宜做成全漏缝，以免对猪的肢蹄造成损伤。

3.1.4 考虑卫生原因，猪舍的粪尿必须及时清理，保持舍内清洁卫生，避免产生有害气体引发猪的呼吸道疾病。

3.1.5 坚实的地面建议安装在母猪躺卧的地方，因为母猪睡觉时喜欢躺在坚实的地面上。推荐使用实体地面的区域见表3-1。

表3-1　推荐使用实体地面的区域

饲喂系统	使用实心地面的区域
地面饲喂	采食/躺卧区域
限位栏	食槽下端
自由进出栏	入口前端/睡觉/躺卧区域
电子饲喂站	睡觉/躺卧区域

3.1.6 妊娠舍的地面可以是坚实的混凝土全漏缝或半漏缝地面。混凝土漏缝地面可以更容易地去除粪便，需要很少的清理时间。同时还可以保持地面干燥，从而避免因地面打滑使猪受伤。

3.1.7 混凝土漏缝地板的标准：最大缝隙间距25.4 mm，漏缝地板的实心部分的最小宽度为80 mm，漏缝地板开口的总表面积不得大于15%的地面总面积。

猪场地面

漏缝地面

3.1.8 地板是维持猪肢蹄健康的关键因素。为了减少群体饲养的妊娠母猪的站立/跛行问题，使用混凝土漏缝地板；同时地板之间的缝隙边缘不能太尖锐，否则猪的肢蹄受到伤害的风险就会增加。地板需要正确安装，尽量避免地板之间的高度差，并防止猪行走时漏缝地板的移动。

3.2 空间与设施

3.2.1 空间是舍内饲养猪的重要环境条件之一。当空间不足、猪群数量过大时，躺卧空间、采食空间和活动空间均受到限制，猪的异常行为（咬尾、咬栅栏、空嚼等）和斗争行为增多，影响猪的健康生长。

3.2.2 提供给猪的总建筑面积必须不小于其最小躺卧面积的1.5倍。常见猪的空间要求见表3-2、表3-3。

表3-2　生长肥育猪的最小空间要求

体重(kg)	躺卧面积(m²)	总面积(m²)
10	0.27	0.41
20	0.37	0.56
30 ~ 40	0.43	0.65
50	0.49	0.93
60	0.61	0.93
70 ~ 110	0.62	0.93
120	0.75	1.1

表3-3　母猪的最小空间要求

母猪	最小总面积 (m²/头)	最小躺卧面积 (m²/头)
经产母猪	3.0	1.5
初产母猪	2.5	1.2

3.2.3 猪舍空间应能保证猪在栏位内有足够的运动、活动空间，条件允许时，应设计更大的栏位空间，保证分娩母猪和仔猪的活动。

3.2.4 配怀母猪舍不宜使用全限位栏，宜采用半限位栏或全大栏。全大栏饲喂提供给经产母猪的面积不小于3.0 m²/头，提供给头胎和二胎母猪的总面积不小于2.5 m²/头。躺卧区面积应至少等于猪体长的平方，经产母猪至少为1.5 m²/头，头胎和二胎母猪为1.2 m²/头。

3.2.5 保育和育肥猪采用大栏饲喂，尽可能提高猪的活动空间。

3.2.6 成年公猪栏的尺寸应能让公猪轻松转身并完全伸展躺卧，面积不小于7.5 m²/头。

3.2.7 建议为每头猪预留更多的地面空间，以防止群体中母猪的攻击性。对于非独立采食的猪场（地面喂食和非独立料槽）来说，这一点尤为重要。

猪舍空间

猪舍空间

3.2.8　所有新安装的和现有的栏位必须留有适当的空间，以便母猪在栏位上站立休息。母猪站起来不要接触上方隔断；站立时不会同时接触栏位的两端；躺下时，不要突入相邻的栏位。

3.2.9　猪的躺卧区域应做防滑处理，并且有清洁、干燥、舒适的实体地面，为猪创造一个舒适的躺卧区域。

3.2.10　躺卧区域地面应向排污区稍有倾斜，使排污区有效排污。猪舍使用漏缝地板时，其间隙和板条宽度应适宜，以防猪的蹄部受到伤害。

3.2.11　猪应在稳定的群组内饲养，尽量避免混群。在猪生长期间可进一步分小组饲养。

3.2.12　母猪电子饲喂系统可以提供母猪一定的活动空间、保障猪进食不受干扰、保持在稳定的群组饲养。母猪电子饲喂系统可以分为静态组和动态组。静态组所有的母猪处于妊娠的同一阶段，更容易管理猪群，每批母猪可实现全进全出。动态组是在同一栏中饲养不同批次的母猪，主要优点是可以更好地利用地面空间，因为可以将多个电子饲喂系统组合在一起，占地面积减少10%。

3.2.13 如果猪群常出现猪只打斗并造成伤害的情况，应制定应对/预防计划，作为动物健康计划的一部分，并予以实施。该计划应能解决以下问题：满足环境富集要求，降低饲养密度，改变饲喂方式等。

3.2.14 寒冷季节在躺卧区域加设采暖设施，如保温盖板、保温灯、加热地板等。

3.2.15 在高温条件下可能需要额外的空间，供猪分开躺卧。同时，使用通风系统或降温设施（如喷雾器、水帘、空调等），将猪的温度保持在可接受的范围内。炎热季节可为猪提供水帘降温、喷淋滴水降温等降温措施。另外，高温高湿地区公猪站可考虑空调降温。

降温系统

喷淋系统

3.3 通风与温度控制

3.3.1 猪舍环境受到空气温湿度、空气流动速度、建筑表面温度和建筑绝缘材料，以及猪的年龄、体重、适应状态、活动水平、生产阶段、身体状况和饲喂方式的综合影响。

空气过滤设备

空气过滤设备

3.3.2 通风是维持猪舍内空气温度、湿度、风速和空气质量的主要手段。猪舍应配置有效的通风系统，避免产生过量的有害气体、高湿和高温等不利因素。

通风系统

3.3.3 通风量取决于猪的大小、数量、类型、年龄、饲喂方案、粪便管理系统和外界环境等。

3.3.4 良好的通风设计可以让猪群所处生活区的空气自由流通，避免出现通风死角。

3.3.5 机械通风为猪群提供更理想的生活空间，使其免受室外气候波动的影响。排风量与进风口相匹配，为猪舍提供所需的新鲜空气，同时可以很好地控制猪舍环境。常见的机械通风方式有负压通风、正压通风（目前密闭式猪舍不推荐采用自然通风方式）。通风方式受到当地的气候条件及猪舍的属性的影响。对猪群健康度要求高的猪场推荐采用正压过滤的通风方式。

3.3.6 在炎热季节，如果舍内风速太低，使用扰流风扇可以增大猪的体感风速；也可以通过直接或间歇性地向猪洒水或滴水来减轻热应激。

3.3.7 猪舍建筑应设计足够的保温隔热材料，并配备足够的供暖设施（如保温盖板、保温灯），避免猪忍受寒冷，保护其免受冷应激的影响。

保温盖板

保温灯

3.3.8 在设计通风方案时，不仅需考虑猪舍内猪群产生的热量和水汽，还需要考虑舍内设施的产热量，同时应配置自动报警系统，以便发生应急事件时提示饲养员打开应急设施或进行人工干预。

3.3.9 猪舍内空气温度、相对湿度的推荐值见表3-4。

表3-4　猪舍内空气温度和相对湿度的推荐值

猪舍类别	空气温度（℃）			相对湿度（%）		
	舒适范围	高临界值	低临界值	舒适范围	高临界值	低临界值
种公猪舍	15 ~ 20	25	13	60 ~ 70	85	50
空怀、妊娠母猪舍	15 ~ 20	27	13	60 ~ 70	85	50
哺乳猪舍	18 ~ 22	27	16	60 ~ 70	80	50
哺乳仔猪保温箱	28 ~ 32	35	27	60 ~ 70	80	50
保育猪舍	20 ~ 28	28	16	60 ~ 70	80	50
生长育肥猪舍	15 ~ 23	27	13	60 ~ 75	85	50

注：哺乳仔猪保温箱的温度是仔猪1周龄以内的临界范围，2 ~ 4周龄时的下限温度可降至24 ~ 26℃。表中其他数值均指猪床上0.7 m处的温度和相对湿度。

高临界值、低临界值指生产临界范围，过高或过低都会影响猪的生产性能和健康状况。生长育肥猪舍的温度，在月份平均气温高于28℃时，允许将高临界值提高1 ~ 3℃，当月份平均气温低于−5℃时，允许将低临界值降低1 ~ 5℃。

在密闭式有采暖设备的猪舍，其适宜的相对湿度比上述数值要低5% ~ 8%。

3.4 空气质量

3.4.1 必须控制空气中的有害气体和粉尘，以免它们在猪舍内或猪场周围造成空气质量问题。应制定应对措施，确保猪舍内的空气污染物不会达到人可明显观察到猪只出现不适的水平。

3.4.2 猪舍应通过适当的通风、新增舍内除尘设备、定期清洁卫生、控制饲料粉尘和粪污气体等措施，达到可接受的空气质量。推荐优先选择舍内EPI（静电除尘手段），可以同时达到舍内空气降尘和空气消杀的作用。

3.4.3 在地下粪坑清空时需要提高通风率，因为此时释放的硫化氢和甲烷等有害气体可能是致命的。如果工作人员必须进入坑内，则应为其提供单独的空气供应和有效的防护措施。

3.4.4 当设计通风系统以减少致病病原体或空气污染物的传播时，应考虑猪舍内猪的活动区和附属服务区之间的相对气压。

3.4.5 应隔离患高传染性疾病的猪，并设置独立的通风系统，防止其环境中的病原体传染健康猪。

3.4.6 猪舍环境中的可吸入粉尘应不超过1.5 mg/m³，氨气浓度不超过15 mg/m³，二氧化碳浓度不超过1500 mg/m³。猪群生活区的氨气浓度应至少每2周记录一次。

3.4.7 猪舍空气质量指标的推荐值见表3-5。

表3-5　猪舍空气质量指标的推荐值

猪舍类别	氨气（mg/m³）	硫化氢（mg/m³）	二氧化碳（mg/m³）	细菌总数（万个/m³）	粉尘（mg/m³）
种公猪舍	15	10	1500	6	1.5
空怀、妊娠母猪舍	15	10	1500	6	1.5
哺乳母猪舍	10	8	1300	4	1.2
保育猪舍	10	8	1300	4	1.2
生长育肥猪舍	10	10	1500	6	1.5

3.5 光照

3.5.1　猪舍应配备足够的照明设备（固定或便携式设备），以便进行良好的饲养、充分检查猪群状态、维持猪群健康，并保证人的工作安全。

3.5.2　设备应能正常运行并定期检查和维护。

3.5.3　猪场应每24 h为猪舍的猪只提供至少8 h连续光照，强度为20～100 lx；至少在夜晚保证6 h不提供人工照明。若当地自然光照或自然黑暗的时长较短，连续光照和黑暗的时长可适当调整。

3.5.4　自然光照时间内，在室内饲养的猪所在区域，猪的眼睛高度的光照强度至少为50 lx。

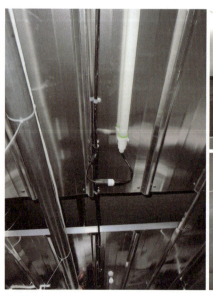

光照系统

3.5.5 猪舍光照时间及光照强度的推荐值见表3-6。

表3-6　猪舍光照时间及光照强度的推荐值

猪舍类别	自然光照		人工照明	
	窗地比	辅助照明（lx）	光照度（lx）	光照时间（h）
种公猪舍	1:12 ~ 1:10	50 ~ 75	50 ~ 100	10 ~ 12
空怀、妊娠母猪舍	1:15 ~ 1:12	50 ~ 75	50 ~ 100	10 ~ 12
哺乳猪舍	1:12 ~ 1:10	50 ~ 75	50 ~ 100	10 ~ 12
保育猪舍	1:10	50 ~ 75	50 ~ 100	10 ~ 12
生长育肥猪舍	1:15 ~ 1:12	50 ~ 75	30 ~ 50	8 ~ 12

注：窗地比是以猪舍门窗等透光构件的有效透光面积为1，与舍内地面积之比。

辅助照明是指自然光照猪舍设置人工照明，以备夜晚工作照明用。

3.6 分娩系统

3.6.1 分娩区

- 母猪应安置在相对宽松的分娩栏内，保证在分娩前后有足够大的活动空间。
- 已被认可的分娩系统，如倾斜分娩栏和带棚屋的室外牧草地，均可替代传统的分娩限位栏。
- 分娩栏尺寸至少应为1.8 m×2.4 m，产床长度不应小于2.2 m（长短应可调节），顶部横杆与站立时母猪的背部距离不应少于0.15 m，以利于母猪舒适起卧。

3.6.2 分娩前

- 应在母猪预产日前2 ~ 7 d，将其转入产床。
- 在仔猪出生之前，母猪应安置在干净舒适的产房里。
- 在分娩过程中尽量保持环境安静，让母猪舒适自在。

- 看护人员应具备分娩技术方面的经验和能力。

3.6.3 分娩后

- 母猪分娩后应在分娩区饲养至少21 d。
- 除非兽医确认母猪或仔猪的福利或健康受到不利影响，否则分娩后第3周之前不得给仔猪断奶，即每批仔猪的平均吃奶时长为21 d或更长。
- 产房必须采取保护措施，防止母猪挤压到仔猪。
- 哺乳仔猪与哺乳母猪需求的温度不同，猪场应为仔猪提供保温箱、保温灯及保温垫等，以保证其适宜的温度。

3.7 环境富集

3.7.1 环境富集是指对猪群生活的场所进行有益的改善。即在单调的饲养环境中，提供必要的材料和玩具供猪探究玩耍，满足其玩乐的天性，从而促使其心理和生理均达到健康状态。

3.7.2 当猪出现伤害其他猪的异常行为（如啃咬尾巴、侧腹、耳朵或外阴）时，应立即给予其他有效刺激，转移它们的注意力，同时饲养员必须采取措施改善/消除问题。为减少异常行为的发生，猪场宜提供必要的材料满足环境富集的要求。

3.7.3 在日粮中添加粗饲料可以减少限制饲喂的猪在进食前后出现异常行为。

3.7.4 在猪舍内通过添加满足猪行为需求的环境介质（如增加玩具、光照、音乐等）来满足环境富集的要求，给猪提供丰富而新奇的生活环境，刺激猪的适当行为，以提高猪只养殖的福利水平。

3.7.5 鼓励为猪提供可自由活动的安全运动场所。

3.7.6 应记录猪的异常行为，对于重复出现的情况，猪场应予以分析，及时采取改善饲养管理和环境控制的措施。

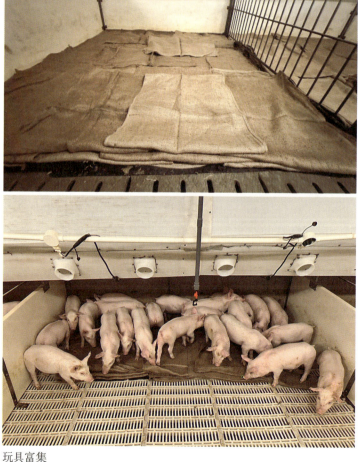

玩具富集

4 饲养管理

4.1 管理人员

- 为饲养员制定并实施适当的培训计划，定期更新，并提供持续专业发展的机会。

培　训

培 训

- 制定并实施应对火灾、洪水或供应中断等紧急情况的计划和预防措施，同时在电话旁和建筑物入口张贴紧急联系电话。

牧原集团 牧原集团

牧原集团抗洪救灾应急预案

文件基本信息					
文件编号：MY-ZD-ZW-019		文件版本号：V1.0		生效日期：20200717	
编制人：李鸣		审核人：王华岗		签发人：牛娜萃	
联合签发部门					
相关修改记录					
修订日期	版本号	替代版本	更改/注释		修改者

一、总则

为做好牧原集团各区域各子公司洪涝灾害事件的防范与处置工作，保证场区抗洪抢险救灾工作高效有序进行，最大限度减少人员伤亡和灾害损失，保障场区平稳顺畅运营，制定本应急预案。

二、组织架构与职责

（一）指挥机构

各子公司成立抗洪救灾指挥部，子公司经理担任指挥长，生产总监担任副指挥长，组织各部门负责人和各场区场长积极防控。明确办公室负责人、指挥调度组负责人、巡察预警组负责人、应急抢险组负责人、转移安置组负责人、后勤保障组负责人。

（二）各部门职责及分工

1、子公司综合办

负责应急组织管理工作，统筹各部门应对突发事件，具有上传下

- 1 -

牧原 牧原食品股份有限公司

销售区抗洪防涝应急预案

文件基本信息					
文件编号：MY-ZD-XS-44		文件版本号：V1.0		生效日期：20200731	
编制人：李庆		审核人：杨红波、黄昀		签发人：杨红波	
签发部门：销售部					
修订日期	版本号	替代版本	更改/注释		修改者

一、背景

随着夏天雨季降雨量持续增多，各地区洪涝灾害事件频发，尤其是南方多雨区域，为保证销售区抗洪抢险救灾工作高效有序进行，最大限度减少人员受伤及灾害损失，保障场区整体平稳顺畅运营，特制订本应急预案。

二、明确责任

1、各子公司销售负责人为销售区抗洪防涝工作第一责任人，需积极响应各子公司抗洪防涝指挥部工作开展部署，统筹组织做好销售区防洪抢险工作开展；

2、各区域现场管理岗结合场区及销售区抗洪防涝应急预案做好防汛物资储备及洪涝灾害预警防范工作。

三、具体抗洪防涝应急方案

牧原 牧原食品股份有限公司

项目	具体防范应急措施	责任人
洪涝灾害监测预警	1、分析掌握各子公司各场销售区所处地理位置、地形地貌、水系情况，结合近期天气预报及降水量，实时做好洪涝灾害监测预警；2、各分场现场预警岗每天对销售区外围2-3级道路地势低洼、河道桥涵及未硬化固路的路查，发现洪涝灾害险情及时上报子公司主管做好风险传出预警；	子公司主管、现场管理岗
洪涝灾害防范	1、结合抗洪抢险工作，做好销售区抗洪救灾物资的储备及演练使用；2、根据销售区所处地理位置，利用木桩、沙包、塑料膜等防汛物资，提前做好排水场和闸门，阻挡销售区外围向着雨水进入场区，每天做好巡查；3、销售区所有积水进做好疏理疏通，并降水量大水过积水产量的控制在无排出水口增加2台混流泵（11KW，400m³/h），一般出水口增加1台混流泵，配合闸门使用；	子公司主管、现场管理岗
生物安全防控	1、沟通生产主管做好销售区污水收集池的防雨棚和吸水水泵的检查，确保销售区污水池储备及时抽出，根据销售区污水流向，渗漏造成的生物安全风险；2、销售区消毒物资设备做好妥善使用，消毒物资应放置岗处或垫高处理，防止受测雨水浸湿突破；3、因地势等转换原因导致受淹的销售区，待洪水过去之后要积极全面开展销售区及门前道路清理消毒工作，确保生物安全；	现场管理岗
人员安全防范	1、根据销售区人员住宿情况，必须配备救生衣或救生圈，放置应急存放处，便于现场人员领取使用，做好应急培训教育演练，确保现场人员安全；2、结合场区水电工做好场区电路线路开关、电器设备等用电安全排查，及时发现排除突发隐患；3、强化行车安全意识，提高人员安全风险总结，外出驾车行驶，必须遵守交通规则，通过路口、学校、集市等路段或减速慢行，文明礼让、涉水路段不要盲目前行，注意多观察路况，严禁酒驾、开快车、疲劳驾驶！	子公司主管、现场管理岗

牧原 牧原食品股份有限公司

四、总体要求：

1、子公司销售主管是子公司销售区抗洪防涝工作第一责任人，要严格落实以上各项工作，履行以上职责，做好抗洪防涝安全防范工作。

2、若存在洪涝灾害风险，尤其是分布在比较大的江河、湖泊、水库大坝附近的销售区，子公司主管必须重视需在第一时间向各子公司抗洪救灾指挥部及后台上报，若出现隐瞒不报者，加倍处罚。

3、全员提高洪涝灾害风险防范意识，从思想上重视起来，积极参与抗洪救灾安全防范工作，树立信心，战胜洪魔！

销售部现场管理科

XX年X月X日

洪水应急计划

- 在电话附近放置一份应急行动计划，突出标明发现紧急情况（如火灾、洪水或停电）时应遵循的流程。

- 确保动物健康计划得到实施和定期更新，并适当记录所需数据，如农场所有进出生猪的记录数据，以及药品使用的类型和数量等。

动物免疫接种

消毒剂使用台账									
日期	配置时间	消毒剂	比例	水重量（kg）	消毒剂量	用途	配置人	备注

药物使用记录（来源：牧原）

- 制定和实施运输计划，并且最大限度地减少等待时间和对猪重新分群。
- 为受伤猪制定紧急安乐死计划。

4.2 饲养员

4.2.1 了解问题

饲养员必须了解其责任区内猪容易出现福利问题的时间、环境和条件，并且具有识别和处理这些问题的能力。

4.2.2 培训

经过培训，饲养员能够：

- 识别猪的正常行为、异常行为和恐惧的迹象。
- 识别常见疾病的征兆，了解预防和控制措施，并知道何时寻求兽医帮助。
- 了解猪的体况评分。
- 了解猪正常蹄部的解剖结构、功能，以及蹄病治疗和护理。
- 了解分娩母猪和新生仔猪的护理方法。
- 了解人性化地移动和装载猪的方法。
- 了解人道安乐死的方法。

4.2.3 饲养员应能以积极而富有同情心的方式处理猪，如注射、剪牙和阉割等。

4.3 接触

4.3.1 频繁接触

饲养员应经常小心抚触猪，以减少猪的恐惧，改善其福利和管理。

4.3.2 轻柔处理

应轻柔而稳定地接触猪，避免猪不必要的痛苦或应激。

不得抓住猪的尾巴、耳朵或四肢拉拽它们。

禁止使用电棒，除非动物或人的安全受到威胁时，电棒可作为最后的手段。如果在紧急情况下使用了电棒，应在农场记录中详细说明。

移动猪时可以使用赶猪拍和赶猪板，但不得用力击打以致在猪身上产生伤痕或擦伤。

饲养员使用赶猪板驱赶

4.4 标识

如有必要对猪进行永久性标识，可使用耳标、印标和刺青的方式。

应由训练有素、称职的饲养员使用维护良好的器械进行标识。

禁止将剪耳作为常规标识方法。

饲养员与猪互动

耳　标

4.5 设备

4.5.1 设备使用

若农场安装有影响猪的福利的设备，设备管理员必须能够：

- 证明其操作设备的能力。
- 证明其进行日常维护的能力。
- 识别常见的故障。
- 了解发生故障时所要执行的操作。
- 了解并根据需要使用防护设备。

4.5.2 自动设备

所有自动设备必须由饲养员或其他有资质的人员进行彻底检查，每天至少检查一次，以确保无故障。

当自动设备发生故障时：

a）必须及时修复；

b）如果无法修复，应立即采取措施（且必须一直持续到故障得到修复），以保护猪不因该故障而遭受不必要的痛苦或应激。

4.6 检查

饲养员每天应至少检查2次其管理的猪及相关设备，并记录检查结果和采取的行动。

饲养员在检查过程中发现动物福利问题，应立即妥善处理。

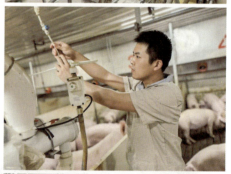

饲养员检查设备

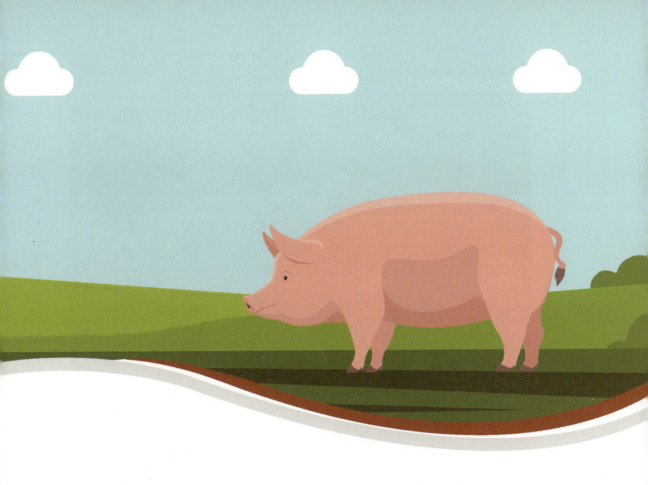

5 猪群健康

5.1 动物健康计划

5.1.1 所有生猪养殖单元均应咨询兽医，制定书面的动物健康计划（AHP），并定期更新。

5.1.2 AHP 的内容

- 疫苗接种方案。
- 药物保健措施。
- 关于治疗和猪群健康其他方面的信息。
- 已知发病和死亡原因。
- 猪群整体性能的可接受范围。
- 生物安全措施。
- 清洁和消毒制度。

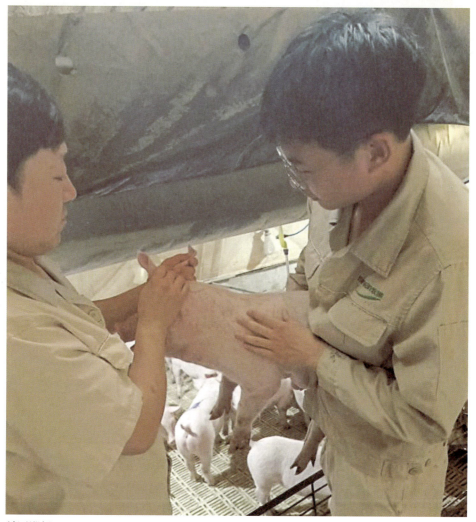

兽医巡场

5.2 健康问题的缓解措施

5.2.1 对所有猝死、暴发疾病和被人道宰杀的不健康猪，都必须：

- 记录在案。
- 向兽医报告。
- 适当调查。
- 记录结果和处理措施。

5.2.2 必须遵守健康和疾病监测要求。

5.3 监控猪群性能数据

5.3.1 应持续监控猪群性能数据及日常行动，及时发现疾病或生产障碍的征兆。

5.3.2 安装报警系统，提醒工作人员及时查看处理。

5.3.3 当猪群性能参数低于动物健康计划中确定的可接受范围时，应通知兽医并修订健康计划，以尝试解决问题。

5.4 新引入猪群管理

5.4.1 新引入的猪应在入群前进行隔离检疫。

隔离检疫

5.4.2 猪繁殖与呼吸综合征（PRRS）、布鲁氏菌病和伪狂犬病的检测结果应为阴性。

5.4.3 引入后，应在专门的栋舍对后备猪进行隔离。隔离舍与其他生产猪舍至少间隔200 m，隔离期至少为6周。隔离期间由专人饲养，减少跟场内其他工作人员接触的机会。

5.4.4 在隔离期间出现临床症状的，应及早进行治疗，并严格记录。

5.4.5 经过6周隔离期，若猪群未表现明显的临床症状，在采集血样检测确认无疫病引入风险后，结束隔离期，开始进入适应期。

5.4.6 使新引入猪适应农场环境。所谓的适应就是让新引进的种猪在控制的环境条件下，与原场已存在的病原接触，使其感染这些病原并康复、产生免疫力的过程。适应应在隔离舍进行，适应期至少为6周。

5.5 生病和受伤猪的处理

- 隔离。
- 及时治疗（必要时兽医介入治疗）。
- 如有必要，对猪进行人道安乐死。
- 隔离栏内生病和受伤猪的尿液和粪便应单独处理，以减少疾病传播的风险。
- 隔离栏的结构应便于对其表面进行有效清洁和消毒，且便于移出死猪。

5.6 控制寄生虫

应采取一切实际措施来预防或控制寄生虫感染。包括：

- 维持猪舍良好的卫生条件，加强饲养管理（比如加强饮水及饲料管理），定期对猪舍进行消毒。
- 针对猪群开展定期检测，必要时进行药物预防或者免疫预防。

5.7 蹄部保健

5.7.1 应密切关注蹄部状况，必须定期检查蹄部是否有异常磨损、过度生长或感染的迹象。

5.7.2 健康计划中必须包括应对跛行和蹄部问题的方案。

5.7.3 在条件允许的情况下，可在猪舍内铺设干草或细沙。

5.8 造成身体损伤的操作

动物福利标准仅允许采取下列可能造成身体损伤的饲养操作（兽医出于治疗目的采取的操作除外）：

5.8.1 新生仔猪的犬齿尖应在出生后4 h内尽早切除。如果是病弱仔猪，则在出生后3 d内进行。

剪牙只能由训练有素的人员进行。

最多只能切除犬齿的前1/3。

剪牙后，牙齿表面应完整光滑。

磨牙比剪牙更可取，因为这样不会折断牙齿或切除太多的牙齿。

5.8.2 除非特殊情况，否则不允许断尾操作。即使在特殊情况下，常规操作也只能剪断最少量的尾部。如果存在咬尾风险，应采取其他措施防止咬尾，如丰富环境或降低饲养密度。

5.8.3 允许阉割公猪，但仔公猪应在7日龄内阉割。出于疾病原因阉割7日龄以上的公猪时，必须使用麻醉剂和术后镇痛剂。阉割必须使用消毒过的设备。

5.8.4 公猪长獠牙的修剪只能由主治兽医或其他训练有素的合格人员进行，并且能确保其他动物的安全和保护饲养员免受伤害。

5.8.5 禁止戴鼻环。

所有这些操作都应以最大限度减少猪痛苦的方式进行，并由兽医或训练有素的合格人员进行。

5.9 病残猪安乐死

5.9.1 每个农场均应有针对病残猪的人道屠宰或安乐死的规定，由指定的、训练有素的合格人员或执业兽医在场内实施。安乐死指南中列出的操作均是可接受操作，这些操作应该张贴在每栋猪舍内。

5.9.2 如果对如何操作有疑问，应在早期阶段咨询兽医，是否有可能进行治疗，或者是否需要实施人道宰杀以减少猪的痛苦。如果猪处于无法控制的剧烈疼痛中，那么应立即对其实施安乐死。

5.9.3 当安乐死是最佳选择时，在选择合适的安乐死方法时，必须考虑以下因素：

- 人员安全。所用的方法必须不能将养猪生产者或他们的员工处于不必要的危险之中。
- 猪的福利。所用方法应该能将猪的痛苦或应激降到最低程度。
- 实用性，技能要求。所用方法应该易学，且能重复得到相同的预期结果。

- 成本。所用方法对养猪生产者而言应该是经济实惠的。
- 操作者的不愉快程度。所用方法应该不会使操作人员产生厌恶感觉。
- 局限性。某些方法仅适用于某一体重阶段的猪或某些猪场。

5.10 死猪无害化处理

《中华人民共和国动物防疫法》中明确规定对病死猪要进行无害化处理，要从源头上切断病原体的传播与蔓延，确保生猪生产环境得到净化，保障生猪产业健康持续发展。

无害化处理

无害化处理

5.10.1 所有死猪的处理应按照农业农村部或其他政府部门批准的程序进行。

5.10.2 应记录所有死猪处理的场地名称。

5.10.3 场内死猪处理：场内掩埋或堆肥必须遵守国家和当地的法律法规要求。

5.10.4 当养殖户发现有病死猪时，及时利用专门运输车辆将病死猪运往无害化处理场进行集中处理，并且对处理过程做到有效监管。

5.10.5 提倡无害化和资源化相结合的处理方式。

5.11 生物安全

5.11.1 在外来车辆、物资与人员进出过程中，需对车辆、物资与人员进行合理消毒。

消 毒

5.11.2 按照《中华人民共和国畜牧法》及配套法规、《动物防疫条件审查办法》、《种用动物健康标准》的规定，做好饲养管理和动物防疫工作。根据净化结果分群饲养，不从非净化场引种；严格执行引种隔离、观察、检疫制度。

5.11.3 禁止猪使用饮水通槽，防止交叉感染。

5.11.4 定期消毒圈舍。

5.11.5 制定并实施猪场灭鼠灭蚊蝇措施。

灭鼠灭蚊蝇

5.12 免疫接种

免疫接种是防控猪病的有效方案。免疫接种期间，需做好以下工作：

5.12.1 应遵守疫病防控制度，按免疫程序进行接种。

5.12.2 在免疫接种之后，要密切留意猪的反应。如果猪出现了不良反应，立即请兽医或动物防疫员进行救治。否则，极有可能造成不必要的伤亡。

5.12.3 在猪接种疫苗之后，在其免疫力真正形成之前不要贸然更换饲料或转圈、分群，避免猪出现应激情况，应确保免疫接种的质量。

疫苗回温											
水浴锅回温数据						水浴锅回温数据					
疫苗名称	规格	10min	15min	20min	30min	疫苗名称	规格	10min	15min	20min	30min
口蹄疫疫苗	100mL	29.7℃	31.5℃	32.3℃	32.9℃	口蹄疫疫苗	100mL	31.9℃	31.1℃	30.9℃	29.9℃
链球菌疫苗	100mL	30.9℃	32.1℃	32℃	32.3℃	链球菌疫苗	100mL	31.8℃	31.3℃	31.1℃	29.8℃
支原体疫苗	250mL	30.7℃	31.6℃	32.1℃	32.7℃	支原体疫苗	250mL	30.7℃	30.8℃	29.4℃	29.7℃
伪狂犬病灭活苗	100mL	31.2℃	32.5℃	31.8℃	32.3℃	伪狂犬病灭活苗	100mL	32℃	31.2℃	30.4℃	29.6℃
腹泻P20疫苗	200mL	30℃	31.8℃	32.5℃	32.8℃	腹泻P20疫苗	200mL	30.8℃	31℃	30.7℃	30.2℃
流感疫苗	200mL	31℃	32℃	32.7℃	32.9℃	流感疫苗	200mL	31.5℃	30.6℃	30.6℃	29.8℃

注：1.水浴锅35℃水温，回温30min（适合所有灭活苗）
　　2.疫苗回温后放入保温袋能保证疫苗温度下降1～2℃（外界温度26℃以下使用）
　　3.短暂的回温过程对疫苗失效无影响

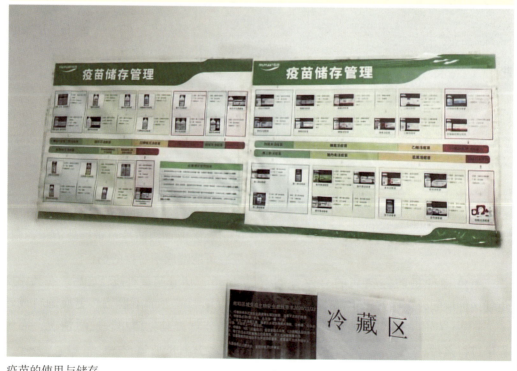

疫苗的使用与储存

免疫接种

5.13 生物特性需求

　　建议为猪提供必要的材料或玩具供其探究玩耍，满足其表达生物学习性和心理活动的需求，从而促使其心理和生理均达到健康状态。

6 运输

6.1 运输准备

6.1.1 在运输之前必须满足猪的饮水需求。

6.1.2 生猪屠宰前禁食不得超过18 h。建议在装载生猪前4 h停止饲喂，以防止运输过程中生猪呕吐。

6.1.3 禁止运送生病或受伤的猪，下列情况除外：生猪接受兽医治疗，将生猪送至最近的可供人道屠宰的地方，或

者当时状态下适于装卸和运输。

6.1.4 育肥猪在运输前需要圈养，通过留在其原有群体（至少在运输前1周建立）来减少混群运输。

6.1.5 如果混群运输不可避免，必须采取预防措施，最大限度的降低生猪的攻击性。

6.1.6 如果运输过程中发生突发情况，并已确定其发生原因，则必须立即采取行动，防止生猪发生进一步的伤害和死亡。

6.2 运输时间

6.2.1 运输时间应由屠宰场、运输商和生产商协定，以最大限度地减少生猪

的运输和等待时间为宜。

6.2.2 生猪应该尽可能在接近饲养点的地方屠宰，运输总时间不得超过8 h(从装载第一头猪到卸载最后一头猪)。

6.2.3 生猪到达屠宰场或农场后应立即卸载。

6.2.4 任何可能会导致预定到达时间延迟1 h以上的情况都必须通知屠宰场。

6.3 运输设备

6.3.1 运输车辆的地板必须坚固，并覆盖足够的垫料，以提高猪的舒适度并减少受伤的可能性。

6.3.2 当生猪以自然姿势站立时，必须有充足的头部空间。

6.3.3 用于道路运输的车辆必须安装浅色车顶，该车顶应充分隔热，并确保能够有效地保护生猪免受恶劣天气影响。

6.3.4 车辆内部或外部不得有可能对猪造成伤害或痛苦的尖锐边缘或突出物。

运输车辆

6.3.5 车厢内的空气质量和空气流量必须保证不会对猪的福利产生负面影响。

6.3.6 如果需要为装卸设备提供坡道，倾斜或下降的角度不应超过20%。

6.3.7 装载坡道和尾板应装有防止生猪打滑和摔倒的装置。

装卸设备

6.3.8 将生猪运送到屠宰场或者其他农场的车辆必须在每次装载和运送后24 h内使用消毒剂进行彻底清洁和消毒。

车辆消毒

6.3.9 如果一天内车辆在同一个屠宰场和农场之间多次行驶，则必须在第一次行驶前和最后一批生猪交付后24 h内进行彻底清洁和消毒。

6.4 运输人员

6.4.1 负责生猪运输的人员必须通过相关培训，具有在装卸及运输途中处理猪的能力。

6.4.2 操作人员必须了解可能的应激源，以及猪对其他猪、人类、噪声、景象和气味的反应。

6.4.3 运输人员必须了解车辆驾驶员的驾驶风格如何影响运输中的动物。

6.4.4 对于运输途中的通风情况，运输人员需要根据天气和运输条件做出适当安排。

6.4.5 禁止使用电棒。

6.5 运输通道

6.5.1 通道和出入口的设计和操作应不妨碍猪的正常活动。

6.5.2 通道设计应有助于生猪自由向前移动，尽量减少拐弯，不应有直角转弯。

6.5.3 在操作闸门和捕获设备时，必须尽量减少噪声，因为噪声可能使猪产生不适。如果设备发出的噪声会使猪产生不适，必须安装降噪装置。

6.5.4 通道必须防滑。

运输通道防滑设计

6.5.5 除非已确认运输道路畅通无阻，并且装载空间足以容纳待运输数量的生猪，否则不得移动或装载生猪。

6.6 运输记录

6.6.1 生产者必须保存动物被运输离开农场的记录，包括运输时间、运输动物的数量及其目的地、运输公司、运输车辆类型（禁止船舶运输）等。

6.6.2 必须记录动物死亡、严重受伤或大规模受伤的情况，而且农场应保存记录、调查原因并保存调查结果。在适当的情况下，报告给运输司机、运输商、屠宰场管理人员和农场主。

运输记录

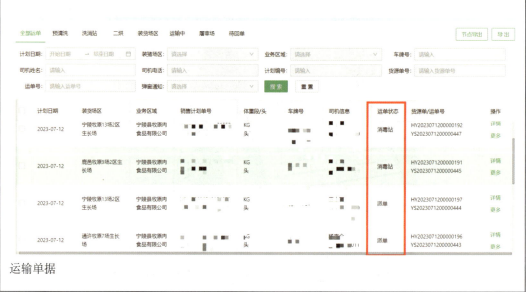

运输单据

7 屠宰

7.1 搬运/装载/卸载操作

7.1.1 在搬运过程中可使用赶猪板，在必要时可用作搬运的辅助工具。

7.1.2 屠宰场应设置卸猪台。卸猪台应防滑，坡度小于20°。坡道的周边应有围挡，引导生猪进入圈舍。

7.1.3 装载坡道和尾板必须具有防止掉落和滑倒的装置。

7.1.4 所有尾板必须安装脚踏板。

7.1.5 强烈建议使用不需要斜坡的装载或卸载系统，减少生猪受伤风险，并且方便运输人员操作。

7.1.6 在围栏、圈舍、出入口、通道处应随时可以对生猪进行检查，并能及时将患病或受伤的生猪转移到合适的圈舍中。

7.1.7 卸猪时应保持安静，动作平缓，让生猪自己行走，任何情况下都不应强迫猪跳下运输车辆。

7.1.8 驱赶生猪应保持安静并有耐心，不应粗暴地驱赶生猪。只有在保证前方道路通畅时才可驱赶生猪。在使用赶猪板时，应降低通道和圈舍中的声音。

7.1.9 任何情况下都不能使用电棒驱赶生猪。

7.1.10 不得通过抓尾巴、皮肤、耳朵或四肢拉起或举起生猪。

7.1.11 装卸生猪时，必须提供适当的自然光照或人工照明，以便随时对生猪进行彻底检查。

装载平台

装载平台

待宰圈舍

7.2 屠宰待宰

7.2.1 管理待宰圈舍的人员必须关注圈舍的设计和保养，以防止对关在圈舍内的生猪造成伤害。

7.2.2 生猪在待宰圈中的密度要求能满足所有生猪同时站起、躺下和自由转身。

7.2.3 因性别、来源或年龄不同而具有攻击性的生猪在圈舍中应单独隔离。

7.2.4 屠宰前，生猪的禁食时间不得超过18 h。

7.2.5 待宰圈应有淋浴系统，淋浴时间不应超过2 h。但当环境温度低于5℃时，禁止使用淋浴系统。

7.2.6 对患病或受伤的生猪应立即宰杀。不具备立即宰杀条件时，应采取减少痛苦的方法转移至伤残生猪圈舍中。

7.2.7 隔离栏必须随时处于可用状态。

7.2.8 围栏内的生猪不得暴露在明亮的人造光或阳光直射下，但宰前检查除外，宰前检查必须至少在220 lx的亮度下进行。

7.3 屠宰前处理

7.3.1 屠宰前的赶猪操作应保持安静，动作平缓，避免生猪产生不必要的兴奋或痛苦。

7.3.2 赶猪通道应有助于生猪自由向前移动，应尽量减少拐角，不应有直角拐弯。

7.3.3 赶猪通道应保持一定的亮度，越接近致昏点，通道光线应越亮。但应避免出现阴影或强烈明暗对比，禁止光线直接照射生猪的眼睛。

7.3.4 通往致昏点的通道应有紧急出口，供紧急情况或致昏延迟时使用。

7.3.5 整个屠宰场的地板必须防滑。

7.3.6 禁止在屠宰场的任何地方使用电击棒。

7.3.7 除通向约束设备的通道外，所有围栏、通道的设计和建造必须允许生猪并排行走。

7.4 屠宰设备

7.4.1 用于击晕和宰杀动物的设备，包括击晕围栏和约束装置，其设计、制造和维护必须确保能够快速有效地击晕和杀死动物。

7.4.2 所有屠宰设备在使用后必须进行彻底清洁、消毒。

7.4.3 专职人员每天至少检查一次屠宰设备，以确保其处于良好的工作状态。

7.4.4 在当天第一次使用之前，必须测试击晕和宰杀设备，以确保其处于正确的工作状态。

7.4.5 确保在屠宰间设有备用屠宰设备，且每天由专职人员测试一次以保证其能正常使用，并做好记录。

7.5 屠宰致昏

7.5.1 电击致昏设备应能确保生猪立即失去知觉，并持续足够时间，保证生猪在被宰杀前不恢复意识。

7.5.2 如果有任何迹象表明致晕无效，或者生猪显示出从眩晕中恢复的迹象，必须立即进行再次致晕。

7.5.3 可采用二点式电击致昏和三点式电击致昏的方法。

7.5.4 工作前应检查所有致昏设备（包括备用设备），确保设备可以正常工作。

7.5.5 电致昏设备在使用结束后应进行清理，确保电极清洁。

7.5.6 备用电致昏设备应存放在专用地点，供紧急情况或在致昏设备发生故障时使用。

附录1　清洁和消毒计划

经批准的生产商必须有一份清洁和消毒的书面程序，并按规定使用经当地批准的稀释液，确保全面实施。

任何例外情况只能在兽医指示下进行。清洁和消毒程序，包括用于帮助减少病原体传播的化学品，必须在清洁计划中有所规定。该计划将是生物安全政策的组成部分，必须考虑：

①设施设备；

②猪群、人、野生动物、宠物和移动设备；

③食物和水。

该计划将涵盖：

①清洁准备：清除储备物、设备及沾污物；

②清洁；

③消毒；

④预备舍；

⑤消毒池；

⑥员工个人卫生；

⑦"从干净到脏"的工作程序；

⑧农场猪群运输车；

⑨猪群清洁；

⑩排水沟；

⑪供水和输送系统；

⑫进料仓、管道和槽。

附录2 野生动物控制计划

必须对潜在的有害野生动物（如啮齿动物和鸟类）进行管理，以避免疾病传播给人类和猪群、建筑物和服务设施损坏以及饲料污染变质的风险。

尽可能优先选用物理排除方法。如果这些方法效果不太理想或不成功，则必须采取其他方法。

经批准的生产单位必须保持圈舍干净、整洁，以尽量减少野生动物的风险。

野生动物不得接触尸体。

饲料仓库、办公室、厕所等必须保持干净、卫生、整洁。

附录3 运输标准操作和应急程序

应包括的项目：

①运输车的装卸程序；

②交付猪群至客户现场的程序；

③每日行程表；

④猪群的交付报告；

⑤良好卫生措施清单，包括装载生猪前卡车的清洁程序；

⑥全面质量管理手册（如适当的话）；

⑦路边检查操作程序；

⑧事故处理程序；

⑨非工作时间电话号码和应急程序；

⑩移动电话或其他通信设备（和使用程序）；

⑪灭火器；

⑫当前版本的《驾驶员手册》，包括行车记录仪规定；

⑬机动车保险证明；

⑭根据行程距离和环境温度，指导行程中的正确环境条件。

附录4 动物健康和福利计划示例

4.1 基本信息

公司：	农场名称：
地址：	兽医姓名和联系方式：
保险单号：	猪的主人：
审查期：	监制：

4.2 存栏信息

生产类别				
哺乳仔猪	保育猪	育成育肥猪	室内	户外

种猪群数量				育成育肥猪群数量	
后备母猪	妊娠母猪	母猪	公猪	< 30 kg	≥ 30 kg

引进猪种的来源			引进断奶仔猪的来源	
农场名称	地址	类别	农场名称	地址
		后备母猪/后备公猪		

4.3 在猪场内存在或疑似存在的疾病/病原体

疾病/病原体	状况							
	Pos	Pres	Abs	Neg	感染猪的数量和种类	处理/治疗/控制方法*	自上次报告以来的状态变化	预防计划替换/更新
PMWS（断奶仔猪多系统衰弱综合征）								
PDNS（猪皮炎-肾炎综合征）								
PRRS（猪繁殖与呼吸综合征）								
EP（癫痫）								
App（胸膜肺炎放线杆菌）								
萎缩性鼻炎								
梭状芽孢杆菌								
脑膜炎/链球菌								
猪痢疾								
回肠炎/劳森菌								
疥螨病								
蠕虫								
球虫病								
其他								

注：*包括使用的控制方法。

阳性（Pos）=实验室或屠宰场结果阳性；存在（Pres）=看到的临床症状；不存在（Abs）=没有临床症状；阴性（Neg）=实验室或屠宰场结果阴性。

4.4 饮水或饲料投药的常规或散发风险

猪的类别	饲料或饮水投药所用的量	状况	治疗（包括日期）	持续时间	评价

4.5 生产阶段使用的疫苗及常规预防药物

猪的类别	日龄	状况	治疗或接种（包括日期）	评价

4.6 种群生产性能

项目	猪生长阶段				
	仔猪断奶第一阶段	仔猪断奶第二阶段	育成	育肥	母猪
每窝产活仔数					
目标值					
死亡率					
目标值					
人道安乐死					
方法*					
目标值					

*记录在猪每个阶段的使用方法，即使在此期间未使用。

4.7 单一指标福利

4.7.1 身体状况

猪的类别	偏瘦 体况评分（BCS）<2	正常	偏胖 BCS>4	行为	日期
断奶母猪					
哺乳母猪					
空怀母猪					
断奶仔猪					
育成猪					
育肥猪					

4.7.2 咬尾/阴部

猪的类别	百分比（%）	行为	日期
断奶母猪			
哺乳母猪			
空怀母猪			
断奶仔猪			
育成猪			
育肥猪			

4.7.3 咬身体两侧部位

猪的类别	百分比（%）	行为	日期
断奶母猪			
哺乳母猪			
空怀母猪			
断奶仔猪			
育成猪			
育肥猪			

4.7.4 跛行

猪的类别	百分比（%）	行为	日期
断奶母猪			
哺乳母猪			
空怀母猪			
断奶仔猪			
育成猪			
育肥猪			

4.7.5 皮肤伤

猪的类别	百分比（%）	行为	日期
断奶母猪			
哺乳母猪			
空怀母猪			
断奶仔猪			
育成猪			
育肥猪			

4.8 环境评估

对于所有日龄和类别的猪进行环境评估，指出环境条件（饲养密度、饲养点、供水）是否满足猪的需求，并关注任何与猪的健康和福利相关联的因素。

猪的生长阶段	是否令人满意	关注领域（如适用）

4.9 农场策略

评审农场策略，并注意是否需要采取改善措施。

	是否合理	实际采取措施
寄生虫防控策略		
药品废弃物、针头和其他锋利物品的处理		
有害生物防治		
正在/已经接受治疗猪的识别		
清洁和消毒		
引进猪及带病猪的隔离		

4.10 员工和培训

对于第一份报告，记录该工作人员在猪的福利、猪的健康、药物使用、药品授权和权限等方面的相关培训。对于后续报告，记录员工变动情况及其培训要求。

员工姓名	职位	猪的福利	猪的健康	药物使用	药品授权和权限

4.11 屠宰场/验尸结果反馈

关注内容	屠宰/验尸	采取的措施

4.12 步态评分

4.12.1 跛行个体观察：必要时，让每头猪站起来，观察它们的站立和行走姿势（除非有明显的理由不让猪站起来）。确保观察个体并非仅由已经站立的猪组成。

4.12.2 记录：跛行猪的数量。识别跛行猪时，包括以下情况：

a) 站立但患肢未承受肢体的全部重量。

b) 患肢步幅短，负重小，后腿大摇大摆地走（仍有可能小跑或奔跑）。

c) 患肢不能负重的严重跛行，需记录在"需进一步护理的猪"一栏。

4.12.3 皮肤动态评分

a) 观察：站在生猪附近，视检评估一侧体躯。如果能见度足够，可以从围栏外完成。评估身体皮肤受损的总量。

b) 计分：

0分：无——无皮肤炎症或变色迹象。

1分：轻度——皮肤发炎、变色或有斑点的比例占0 ~ 10%。

2分：严重——超过10%的皮肤颜色或纹理异常。